Detalles

Nombre:

Empresa:

Número de teléfono:

Número de teléfono:

Correo electrónico:

AF482680

Detalles de emergencia:

Nombre:

Empresa:

Nombre:

Empresa:

Importante:

Fecha:		Dia:	Lun	Mar	Mie	Jue	Vie	Sab	Dom
Capataz									
Contacto:									

Horas perdidas por mal tiempo	Visitante

Las condiciones climáticas	
AM	PM

Horario	Problemas/retrasos
Fecha de realización:	
Días antes de lo previsto:	
Días de retraso:	

Temas de seguridad	Accidentes/ Incidentes

Resumen del trabajo realizado hoy

Firmar:	Nombre:

Equipo en el sitio:	Unidades	Trabajar	
		Sí	No

Empleados / Contratista	Acto	Compatible horario acordado	Horas extras

Materiales suministrados	Desde y precio	Equipo alquilado	Unidades

Notas

| Fecha: | | Dia: | Lun | Mar | Mie | Jue | Vie | Sab | Dom |

Capataz

Contacto:

Horas perdidas por mal tiempo	Visitante

Las condiciones climáticas

AM	PM

Horario	Problemas/retrasos
Fecha de realización:	
Días antes de lo previsto:	
Días de retraso:	

Temas de seguridad	Accidentes/ Incidentes

Resumen del trabajo realizado hoy

Firmar:	Nombre:

Equipo en el sitio:	Unidades	Trabajar	
		Sí	No

Empleados / Contratista	Acto	Compatible horario acordado	Horas extras

Materiales suministrados	Desde y precio	Equipo alquilado	Unidades

Notas

Fecha:		Dia:	Lun	Mar	Mie	Jue	Vie	Sab	Dom
Capataz									
Contacto:									

Horas perdidas por mal tiempo	Visitante

Las condiciones climáticas	
AM	PM

Horario	Problemas/retrasos
Fecha de realización:	
Días antes de lo previsto:	
Días de retraso:	

Temas de seguridad	Accidentes/ Incidentes

Resumen del trabajo realizado hoy

Firmar:	Nombre:

Equipo en el sitio:	Unidades	Trabajar	
		Sí	No

Empleados / Contratista	Acto	Compatible horario acordado	Horas extras

Materiales suministrados	Desde y precio	Equipo alquilado	Unidades

Notas

Fecha:		Dia:	Lun Mar Mie Jue Vie Sab Dom
Capataz			
Contacto:			

Horas perdidas por mal tiempo	Visitante

Las condiciones climáticas	
AM	PM

Horario	Problemas/retrasos
Fecha de realización:	
Días antes de lo previsto:	
Días de retraso:	

Temas de seguridad	Accidentes/ Incidentes

Resumen del trabajo realizado hoy

Firmar:	Nombre:

Equipo en el sitio:	Unidades	Trabajar	
		Sí	No

Empleados / Contratista	Acto	Compatible horario acordado	Horas extras

Materiales suministrados	Desde y precio	Equipo alquilado	Unidades

Notas

Fecha:		Dia:	Lun	Mar	Mie	Jue	Vie	Sab	Dom
Capataz									
Contacto:									

Horas perdidas por mal tiempo	Visitante

Las condiciones climáticas

AM	PM

Horario	Problemas/retrasos
Fecha de realización:	
Días antes de lo previsto:	
Días de retraso:	

Temas de seguridad	Accidentes/ Incidentes

Resumen del trabajo realizado hoy

Firmar:	Nombre:

Equipo en el sitio:	Unidades	Trabajar	
		Sí	No

Empleados / Contratista	Acto	Compatible horario acordado	Horas extras

Materiales suministrados	Desde y precio	Equipo alquilado	Unidades

Notas

Fecha:		Dia:	Lun	Mar	Mie	Jue	Vie	Sab	Dom
Capataz									
Contacto:									

Horas perdidas por mal tiempo	Visitante

Las condiciones climáticas

AM	PM

Horario	Problemas/retrasos
Fecha de realización:	
Días antes de lo previsto:	
Días de retraso:	

Temas de seguridad	Accidentes/ Incidentes

Resumen del trabajo realizado hoy

Firmar:	Nombre:

Equipo en el sitio:	Unidades	Trabajar	
		Sí	No

Empleados / Contratista	Acto	Compatible horario acordado	Horas extras

Materiales suministrados	Desde y precio	Equipo alquilado	Unidades

Notas

Fecha:		Dia:	Lun	Mar	Mie	Jue	Vie	Sab	Dom
Capataz									
Contacto:									

Horas perdidas por mal tiempo	Visitante

Las condiciones climáticas

AM	PM

Horario	Problemas/retrasos
Fecha de realización:	
Días antes de lo previsto:	
Días de retraso:	

Temas de seguridad	Accidentes/ Incidentes

Resumen del trabajo realizado hoy

Firmar:	Nombre:

Equipo en el sitio:	Unidades	Trabajar	
		Sí	No

Empleados / Contratista	Acto	Compatible horario acordado	Horas extras

Materiales suministrados	Desde y precio	Equipo alquilado	Unidades

Notas

Fecha:		Dia:	Lun	Mar	Mie	Jue	Vie	Sab	Dom
Capataz									
Contacto:									

Horas perdidas por mal tiempo

Visitante

Las condiciones climáticas

AM	PM

Horario	Problemas/retrasos
Fecha de realización:	
Días antes de lo previsto:	
Días de retraso:	

Temas de seguridad	Accidentes/ Incidentes

Resumen del trabajo realizado hoy

Firmar:

Nombre:

Equipo en el sitio:	Unidades	Trabajar	
		Sí	No

Empleados / Contratista	Acto	Compatible horario acordado	Horas extras

Materiales suministrados	Desde y precio	Equipo alquilado	Unidades

Notas

| Fecha: | | Dia: | Lun | Mar | Mie | Jue | Vie | Sab | Dom |

| Capataz | |
| Contacto: | |

Horas perdidas por mal tiempo

Visitante

Las condiciones climáticas

AM	PM

Horario

Fecha de realización:	
Días antes de lo previsto:	
Días de retraso:	

Problemas/retrasos

Temas de seguridad

Accidentes/ Incidentes

Resumen del trabajo realizado hoy

| Firmar: | Nombre: |

Equipo en el sitio:	Unidades	Trabajar	
		Sí	No

Empleados / Contratista	Acto	Compatible horario acordado	Horas extras

Materiales suministrados	Desde y precio	Equipo alquilado	Unidades

Notas

| Fecha: | | Dia: | Lun | Mar | Mie | Jue | Vie | Sab | Dom |

| Capataz |
| Contacto: |

Horas perdidas por mal tiempo

Visitante

Las condiciones climáticas

| AM | PM |

Horario

Problemas/retrasos

Fecha de realización:

Días antes de lo previsto:

Días de retraso:

Temas de seguridad

Accidentes/ Incidentes

Resumen del trabajo realizado hoy

| Firmar: | Nombre: |

Equipo en el sitio:	Unidades	Trabajar	
		Sí	No

Empleados / Contratista	Acto	Compatible horario acordado	Horas extras

Materiales suministrados	Desde y precio	Equipo alquilado	Unidades

Notas

Fecha:		Dia:	Lun	Mar	Mie	Jue	Vie	Sab	Dom
Capataz									
Contacto:									

Horas perdidas por mal tiempo	Visitante

Las condiciones climáticas	
AM	PM

Horario	Problemas/retrasos
Fecha de realización:	
Días antes de lo previsto:	
Días de retraso:	

Temas de seguridad	Accidentes/ Incidentes

Resumen del trabajo realizado hoy

Firmar:	Nombre:

Equipo en el sitio:	Unidades	Trabajar	
		Sí	No

Empleados / Contratista	Acto	Compatible horario acordado	Horas extras

Materiales suministrados	Desde y precio	Equipo alquilado	Unidades

Notas

Fecha:		Dia:	Lun	Mar	Mie	Jue	Vie	Sab	Dom
Capataz									
Contacto:									

Horas perdidas por mal tiempo	Visitante

Las condiciones climáticas

AM	PM

Horario	Problemas/retrasos
Fecha de realización:	
Días antes de lo previsto:	
Días de retraso:	

Temas de seguridad	Accidentes/ Incidentes

Resumen del trabajo realizado hoy

Firmar:	Nombre:

Equipo en el sitio:	Unidades	Trabajar	
		Sí	No

Empleados / Contratista	Acto	Compatible horario acordado	Horas extras

Materiales suministrados	Desde y precio	Equipo alquilado	Unidades

Notas

Fecha:		Dia:	Lun	Mar	Mie	Jue	Vie	Sab	Dom
Capataz									
Contacto:									

Horas perdidas por mal tiempo	Visitante

Las condiciones climáticas

AM	PM

Horario	Problemas/retrasos
Fecha de realización:	
Días antes de lo previsto:	
Días de retraso:	

Temas de seguridad	Accidentes/ Incidentes

Resumen del trabajo realizado hoy

Firmar:	Nombre:

Equipo en el sitio:	Unidades	Trabajar	
		Sí	No

Empleados / Contratista	Acto	Compatible horario acordado	Horas extras

Materiales suministrados	Desde y precio	Equipo alquilado	Unidades

Notas

Fecha:		Dia:	Lun	Mar	Mie	Jue	Vie	Sab	Dom
Capataz									
Contacto:									

Horas perdidas por mal tiempo	Visitante

Las condiciones climáticas	
AM	PM

Horario	Problemas/retrasos
Fecha de realización:	
Días antes de lo previsto:	
Días de retraso:	

Temas de seguridad	Accidentes/ Incidentes

Resumen del trabajo realizado hoy

Firmar:	Nombre:

Equipo en el sitio:	Unidades	Trabajar	
		Sí	No

Empleados / Contratista	Acto	Compatible horario acordado	Horas extras

Materiales suministrados	Desde y precio	Equipo alquilado	Unidades

Notas

Fecha:		Dia:	Lun	Mar	Mie	Jue	Vie	Sab	Dom
Capataz									
Contacto:									

Horas perdidas por mal tiempo	Visitante

Las condiciones climáticas

AM	PM

Horario	Problemas/retrasos
Fecha de realización:	
Días antes de lo previsto:	
Días de retraso:	

Temas de seguridad	Accidentes/ Incidentes

Resumen del trabajo realizado hoy

Firmar:	Nombre:

Equipo en el sitio:	Unidades	Trabajar	
		Sí	No

Empleados / Contratista	Acto	Compatible horario acordado	Horas extras

Materiales suministrados	Desde y precio	Equipo alquilado	Unidades

Notas

Fecha:		Dia:	Lun Mar Mie Jue Vie Sab Dom
Capataz			
Contacto:			

Horas perdidas por mal tiempo

Visitante

Las condiciones climáticas

AM	PM

Horario	Problemas/retrasos
Fecha de realización:	
Días antes de lo previsto:	
Días de retraso:	

Temas de seguridad	Accidentes/ Incidentes

Resumen del trabajo realizado hoy

Firmar:	Nombre:

Equipo en el sitio:	Unidades	Trabajar	
		Sí	No

Empleados / Contratista	Acto	Compatible horario acordado	Horas extras

Materiales suministrados	Desde y precio	Equipo alquilado	Unidades

Notas

Fecha:		Dia:	Lun	Mar	Mie	Jue	Vie	Sab	Dom
Capataz									
Contacto:									

Horas perdidas por mal tiempo	Visitante

Las condiciones climáticas

AM	PM	

Horario	Problemas/retrasos
Fecha de realización:	
Días antes de lo previsto:	
Días de retraso:	

Temas de seguridad	Accidentes/ Incidentes

Resumen del trabajo realizado hoy

Firmar:	Nombre:

Equipo en el sitio:	Unidades	Trabajar	
		Sí	No

Empleados / Contratista	Acto	Compatible horario acordado	Horas extras

Materiales suministrados	Desde y precio	Equipo alquilado	Unidades

Notas

<table>
<tr><td>Fecha:</td><td></td><td>Dia:</td><td>Lun</td><td>Mar</td><td>Mie</td><td>Jue</td><td>Vie</td><td>Sab</td><td>Dom</td></tr>
</table>

Fecha:		Dia:	Lun	Mar	Mie	Jue	Vie	Sab	Dom
Capataz									
Contacto:									

Horas perdidas por mal tiempo	Visitante

Las condiciones climáticas	
AM	PM

Horario		Problemas/retrasos
Fecha de realización:		
Días antes de lo previsto:		
Días de retraso:		

Temas de seguridad	Accidentes/ Incidentes

Resumen del trabajo realizado hoy

Firmar:	Nombre:

Equipo en el sitio:	Unidades	Trabajar	
		Sí	No

Empleados / Contratista	Acto	Compatible horario acordado	Horas extras

Materiales suministrados	Desde y precio	Equipo alquilado	Unidades

Notas

Fecha:		Dia:	Lun	Mar	Mie	Jue	Vie	Sab	Dom
Capataz									
Contacto:									

Horas perdidas por mal tiempo	Visitante

Las condiciones climáticas	
AM	PM

Horario	Problemas/retrasos
Fecha de realización:	
Días antes de lo previsto:	
Días de retraso:	

Temas de seguridad	Accidentes/ Incidentes

Resumen del trabajo realizado hoy

Firmar:	Nombre:

Equipo en el sitio:	Unidades	Trabajar	
		Sí	No

Empleados / Contratista	Acto	Compatible horario acordado	Horas extras

Materiales suministrados	Desde y precio	Equipo alquilado	Unidades

Notas

Fecha:		Dia:	Lun	Mar	Mie	Jue	Vie	Sab	Dom
Capataz									
Contacto:									

Horas perdidas por mal tiempo	Visitante

Las condiciones climáticas

AM	PM

Horario	Problemas/retrasos
Fecha de realización:	
Días antes de lo previsto:	
Días de retraso:	

Temas de seguridad	Accidentes/ Incidentes

Resumen del trabajo realizado hoy

Firmar:	Nombre:

Equipo en el sitio:	Unidades	Trabajar	
		Sí	No

Empleados / Contratista	Acto	Compatible horario acordado	Horas extras

Materiales suministrados	Desde y precio	Equipo alquilado	Unidades

Notas

| Fecha: | | Dia: | Lun | Mar | Mie | Jue | Vie | Sab | Dom |

Capataz

Contacto:

Horas perdidas por mal tiempo	Visitante

Las condiciones climáticas

AM	PM

Horario	Problemas/retrasos
Fecha de realización:	
Días antes de lo previsto:	
Días de retraso:	

Temas de seguridad	Accidentes/ Incidentes

Resumen del trabajo realizado hoy

Firmar:

Nombre:

Equipo en el sitio:	Unidades	Trabajar	
		Sí	No

Empleados / Contratista	Acto	Compatible horario acordado	Horas extras

Materiales suministrados	Desde y precio	Equipo alquilado	Unidades

Notas

Fecha:		Dia:	Lun	Mar	Mie	Jue	Vie	Sab	Dom
Capataz									
Contacto:									

Horas perdidas por mal tiempo	Visitante

Las condiciones climáticas	
AM	PM

Horario		Problemas/retrasos
Fecha de realización:		
Días antes de lo previsto:		
Días de retraso:		

Temas de seguridad	Accidentes/ Incidentes

Resumen del trabajo realizado hoy

Firmar:	Nombre:

Equipo en el sitio:	Unidades	Trabajar	
		Sí	No

Empleados / Contratista	Acto	Compatible horario acordado	Horas extras

Materiales suministrados	Desde y precio	Equipo alquilado	Unidades

Notas

Fecha:		Dia:	Lun	Mar	Mie	Jue	Vie	Sab	Dom
Capataz									
Contacto:									

Horas perdidas por mal tiempo

Visitante

Las condiciones climáticas

AM	PM

Horario	Problemas/retrasos
Fecha de realización:	
Días antes de lo previsto:	
Días de retraso:	

Temas de seguridad	Accidentes/ Incidentes

Resumen del trabajo realizado hoy

Firmar:	Nombre:

Equipo en el sitio:	Unidades	Trabajar	
		Sí	No

Empleados / Contratista	Acto	Compatible horario acordado	Horas extras

Materiales suministrados	Desde y precio	Equipo alquilado	Unidades

Notas

Fecha:		Dia:	Lun	Mar	Mie	Jue	Vie	Sab	Dom
Capataz									
Contacto:									

Horas perdidas por mal tiempo	Visitante

Las condiciones climáticas	
AM	PM

Horario	Problemas/retrasos
Fecha de realización:	
Días antes de lo previsto:	
Días de retraso:	

Temas de seguridad	Accidentes/ Incidentes

Resumen del trabajo realizado hoy

Firmar:	Nombre:

Equipo en el sitio:	Unidades	Trabajar	
		Sí	No

Empleados / Contratista	Acto	Compatible horario acordado	Horas extras

Materiales suministrados	Desde y precio	Equipo alquilado	Unidades

Notas

Fecha:		Dia:	Lun	Mar	Mie	Jue	Vie	Sab	Dom
Capataz									
Contacto:									

Horas perdidas por mal tiempo	Visitante

Las condiciones climáticas	
AM	PM

Horario	Problemas/retrasos
Fecha de realización:	
Días antes de lo previsto:	
Días de retraso:	

Temas de seguridad	Accidentes/ Incidentes

Resumen del trabajo realizado hoy

Firmar:	Nombre:

Equipo en el sitio:	Unidades	Trabajar	
		Sí	No

Empleados / Contratista	Acto	Compatible horario acordado	Horas extras

Materiales suministrados	Desde y precio	Equipo alquilado	Unidades

Notas

Fecha:		Dia:	Lun	Mar	Mie	Jue	Vie	Sab	Dom
Capataz									
Contacto:									

Horas perdidas por mal tiempo	Visitante

Las condiciones climáticas	
AM	PM

Horario	Problemas/retrasos
Fecha de realización:	
Días antes de lo previsto:	
Días de retraso:	

Temas de seguridad	Accidentes/ Incidentes

Resumen del trabajo realizado hoy

Firmar:	Nombre:

Equipo en el sitio:	Unidades	Trabajar	
		Sí	No

Empleados / Contratista	Acto	Compatible horario acordado	Horas extras

Materiales suministrados	Desde y precio	Equipo alquilado	Unidades

Notas

<table>
<tr><td>Fecha:</td><td></td><td>Dia:</td><td>Lun Mar Mie Jue Vie Sab Dom</td></tr>
<tr><td>Capataz</td><td colspan="3"></td></tr>
<tr><td>Contacto:</td><td colspan="3"></td></tr>
</table>

Horas perdidas por mal tiempo	Visitante

Las condiciones climáticas	
AM	PM

Horario	Problemas/retrasos
Fecha de realización:	
Días antes de lo previsto:	
Días de retraso:	

Temas de seguridad	Accidentes/ Incidentes

Resumen del trabajo realizado hoy

Firmar:	Nombre:

Equipo en el sitio:	Unidades	Trabajar	
		Sí	No

Empleados / Contratista	Acto	Compatible horario acordado	Horas extras

Materiales suministrados	Desde y precio	Equipo alquilado	Unidades

Notas

Fecha:		Dia:	Lun	Mar	Mie	Jue	Vie	Sab	Dom
Capataz									
Contacto:									

Horas perdidas por mal tiempo	Visitante

Las condiciones climáticas	
AM	PM

Horario	Problemas/retrasos
Fecha de realización:	
Días antes de lo previsto:	
Días de retraso:	

Temas de seguridad	Accidentes/ Incidentes

Resumen del trabajo realizado hoy

Firmar:	Nombre:

Equipo en el sitio:	Unidades	Trabajar	
		Sí	No

Empleados / Contratista	Acto	Compatible horario acordado	Horas extras

Materiales suministrados	Desde y precio	Equipo alquilado	Unidades

Notas

Fecha:		Dia:	Lun	Mar	Mie	Jue	Vie	Sab	Dom
Capataz									
Contacto:									

Horas perdidas por mal tiempo	Visitante

Las condiciones climáticas

AM	PM

Horario	Problemas/retrasos
Fecha de realización:	
Días antes de lo previsto:	
Días de retraso:	

Temas de seguridad	Accidentes/ Incidentes

Resumen del trabajo realizado hoy

Firmar:	Nombre:

Equipo en el sitio:	Unidades	Trabajar	
		Sí	No

Empleados / Contratista	Acto	Compatible horario acordado	Horas extras

Materiales suministrados	Desde y precio	Equipo alquilado	Unidades

Notas

Fecha:		Dia:	Lunp Mar Mie Jue Vie Sab Dom
Capataz			
Contacto:			

Horas perdidas por mal tiempo	Visitante

Las condiciones climáticas	
AM	PM

Horario	Problemas/retrasos
Fecha de realización:	
Días antes de lo previsto:	
Días de retraso:	

Temas de seguridad	Accidentes/ Incidentes

Resumen del trabajo realizado hoy

Firmar:	Nombre:

Equipo en el sitio:	Unidades	Trabajar	
		Sí	No

Empleados / Contratista	Acto	Compatible horario acordado	Horas extras

Materiales suministrados	Desde y precio	Equipo alquilado	Unidades

Notas

| Fecha: | | Dia: | Lun | Mar | Mie | Jue | Vie | Sab | Dom |

Capataz

Contacto:

Horas perdidas por mal tiempo	Visitante

Las condiciones climáticas	
AM	PM

Horario		Problemas/retrasos
Fecha de realización:		
Días antes de lo previsto:		
Días de retraso:		

Temas de seguridad	Accidentes/ Incidentes

Resumen del trabajo realizado hoy

Firmar:	Nombre:

Equipo en el sitio:	Unidades	Trabajar	
		Sí	No

Empleados / Contratista	Acto	Compatible horario acordado	Horas extras

Materiales suministrados	Desde y precio	Equipo alquilado	Unidades

Notas

| Fecha: | | Dia: | Lun | Mar | Mie | Jue | Vie | Sab | Dom |

Capataz

Contacto:

Horas perdidas por mal tiempo	Visitante

Las condiciones climáticas	
AM	PM

Horario	Problemas/retrasos
Fecha de realización:	
Días antes de lo previsto:	
Días de retraso:	

Temas de seguridad	Accidentes/ Incidentes

Resumen del trabajo realizado hoy

Firmar:	Nombre:

Equipo en el sitio:	Unidades	Trabajar	
		Sí	No

Empleados / Contratista	Acto	Compatible horario acordado	Horas extras

Materiales suministrados	Desde y precio	Equipo alquilado	Unidades

Notas

Fecha:		Dia:	Lun	Mar	Mie	Jue	Vie	Sab	Dom
Capataz									
Contacto:									

Horas perdidas por mal tiempo	Visitante

Las condiciones climáticas

AM	PM

Horario		Problemas/retrasos
Fecha de realización:		
Días antes de lo previsto:		
Días de retraso:		

Temas de seguridad	Accidentes/ Incidentes

Resumen del trabajo realizado hoy

Firmar:	Nombre:

Equipo en el sitio:	Unidades	Trabajar	
		Sí	No

Empleados / Contratista	Acto	Compatible horario acordado	Horas extras

Materiales suministrados	Desde y precio	Equipo alquilado	Unidades

Notas

Fecha:	Dia:	Lun	Mar	Mie	Jue	Vie	Sab	Dom
Capataz								
Contacto:								

Horas perdidas por mal tiempo	Visitante

Las condiciones climáticas

AM	PM

Horario	Problemas/retrasos
Fecha de realización:	
Días antes de lo previsto:	
Días de retraso:	

Temas de seguridad	Accidentes/ Incidentes

Resumen del trabajo realizado hoy

Firmar:	Nombre:

Equipo en el sitio:	Unidades	Trabajar	
		Sí	No

Empleados / Contratista	Acto	Compatible horario acordado	Horas extras

Materiales suministrados	Desde y precio	Equipo alquilado	Unidades

Notas

| Fecha: | | Dia: | Lun | Mar | Mie | Jue | Vie | Sab | Dom |

Capataz

Contacto:

Horas perdidas por mal tiempo	Visitante

Las condiciones climáticas

AM	PM

Horario	Problemas/retrasos
Fecha de realización:	
Días antes de lo previsto:	
Días de retraso:	

Temas de seguridad	Accidentes/ Incidentes

Resumen del trabajo realizado hoy

Firmar:	Nombre:

Equipo en el sitio:	Unidades	Trabajar	
		Sí	No

Empleados / Contratista	Acto	Compatible horario acordado	Horas extras

Materiales suministrados	Desde y precio	Equipo alquilado	Unidades

Notas

Fecha:		Dia:	Lun Mar Mie Jue Vie Sab Dom
Capataz			
Contacto:			

Horas perdidas por mal tiempo	Visitante

Las condiciones climáticas

AM	PM

Horario		Problemas/retrasos
Fecha de realización:		
Días antes de lo previsto:		
Días de retraso:		

Temas de seguridad	Accidentes/ Incidentes

Resumen del trabajo realizado hoy

Firmar:	Nombre:

Equipo en el sitio:	Unidades	Trabajar	
		Sí	No

Empleados / Contratista	Acto	Compatible horario acordado	Horas extras

Materiales suministrados	Desde y precio	Equipo alquilado	Unidades

Notas

Fecha:		Dia:	Lun	Mar	Mie	Jue	Vie	Sab	Dom
Capataz									
Contacto:									

Horas perdidas por mal tiempo	Visitante

Las condiciones climáticas	
AM	PM

Horario	Problemas/retrasos
Fecha de realización:	
Días antes de lo previsto:	
Días de retraso:	

Temas de seguridad	Accidentes/ Incidentes

Resumen del trabajo realizado hoy

Firmar:	Nombre:

Equipo en el sitio:	Unidades	Trabajar	
		Sí	No

Empleados / Contratista	Acto	Compatible horario acordado	Horas extras

Materiales suministrados	Desde y precio	Equipo alquilado	Unidades

Notas

Fecha:		Dia:	Lun	Mar	Mie	Jue	Vie	Sab	Dom
Capataz									
Contacto:									

Horas perdidas por mal tiempo	Visitante

Las condiciones climáticas	
AM	PM

Horario	Problemas/retrasos
Fecha de realización:	
Días antes de lo previsto:	
Días de retraso:	

Temas de seguridad	Accidentes/ Incidentes

Resumen del trabajo realizado hoy

Firmar:	Nombre:

Equipo en el sitio:	Unidades	Trabajar	
		Sí	No

Empleados / Contratista	Acto	Compatible horario acordado	Horas extras

Materiales suministrados	Desde y precio	Equipo alquilado	Unidades

Notas

Fecha:		Dia:	Lun	Mar	Mie	Jue	Vie	Sab	Dom

Capataz

Contacto:

Horas perdidas por mal tiempo	Visitante

Las condiciones climáticas

AM	PM

Horario	Problemas/retrasos
Fecha de realización:	
Días antes de lo previsto:	
Días de retraso:	

Temas de seguridad	Accidentes/ Incidentes

Resumen del trabajo realizado hoy

Firmar:	Nombre:

Equipo en el sitio:	Unidades	Trabajar	
		Sí	No

Empleados / Contratista	Acto	Compatible horario acordado	Horas extras

Materiales suministrados	Desde y precio	Equipo alquilado	Unidades

Notas

Fecha:		**Dia:**	Lun	Mar	Mie	Jue	Vie	Sab	Dom
Capataz									
Contacto:									

Horas perdidas por mal tiempo	Visitante

Las condiciones climáticas

AM	PM

Horario	Problemas/retrasos
Fecha de realización:	
Días antes de lo previsto:	
Días de retraso:	

Temas de seguridad	Accidentes/ Incidentes

Resumen del trabajo realizado hoy

Firmar:	Nombre:

Equipo en el sitio:	Unidades	Trabajar	
		Sí	No

Empleados / Contratista	Acto	Compatible horario acordado	Horas extras

Materiales suministrados	Desde y precio	Equipo alquilado	Unidades

Notas

| Fecha: | | Dia: | Lun | Mar | Mie | Jue | Vie | Sab | Dom |

| Capataz |
| Contacto: |

Horas perdidas por mal tiempo	Visitante

Las condiciones climáticas

AM	PM

Horario	Problemas/retrasos
Fecha de realización:	
Días antes de lo previsto:	
Días de retraso:	

Temas de seguridad	Accidentes/ Incidentes

Resumen del trabajo realizado hoy

| Firmar: | Nombre: |

Equipo en el sitio:	Unidades	Trabajar	
		Sí	No

Empleados / Contratista	Acto	Compatible horario acordado	Horas extras

Materiales suministrados	Desde y precio	Equipo alquilado	Unidades

Notas

Fecha:		Dia:	Lun	Mar	Mie	Jue	Vie	Sab	Dom
Capataz									
Contacto:									

Horas perdidas por mal tiempo	Visitante

Las condiciones climáticas	
AM	PM

Horario		Problemas/retrasos
Fecha de realización:		
Días antes de lo previsto:		
Días de retraso:		

Temas de seguridad	Accidentes/ Incidentes

Resumen del trabajo realizado hoy

Firmar:	Nombre:

Equipo en el sitio:	Unidades	Trabajar	
		Sí	No

Empleados / Contratista	Acto	Compatible horario acordado	Horas extras

Materiales suministrados	Desde y precio	Equipo alquilado	Unidades

Notas

Fecha:		Dia:	Lun	Mar	Mie	Jue	Vie	Sab	Dom
Capataz									
Contacto:									

Horas perdidas por mal tiempo	Visitante

Las condiciones climáticas

AM	PM

Horario	Problemas/retrasos
Fecha de realización:	
Días antes de lo previsto:	
Días de retraso:	

Temas de seguridad	Accidentes/ Incidentes

Resumen del trabajo realizado hoy

Firmar:	Nombre:

Equipo en el sitio:	Unidades	Trabajar	
		Sí	No

Empleados / Contratista	Acto	Compatible horario acordado	Horas extras

Materiales suministrados	Desde y precio	Equipo alquilado	Unidades

| Fecha: | | Dia: | Lun | Mar | Mie | Jue | Vie | Sab | Dom |

Capataz

Contacto:

Horas perdidas por mal tiempo	Visitante

Las condiciones climáticas	
AM	PM

Horario	Problemas/retrasos
Fecha de realización:	
Días antes de lo previsto:	
Días de retraso:	

Temas de seguridad	Accidentes/ Incidentes

Resumen del trabajo realizado hoy

Firmar:	Nombre:

Equipo en el sitio:	Unidades	Trabajar	
		Sí	No

Empleados / Contratista	Acto	Compatible horario acordado	Horas extras

Materiales suministrados	Desde y precio	Equipo alquilado	Unidades

Notas

Fecha:		Dia:	Lun	Mar	Mie	Jue	Vie	Sab	Dom
Capataz									
Contacto:									

Horas perdidas por mal tiempo	Visitante

Las condiciones climáticas	
AM	PM

Horario	Problemas/retrasos
Fecha de realización:	
Días antes de lo previsto:	
Días de retraso:	

Temas de seguridad	Accidentes/ Incidentes

Resumen del trabajo realizado hoy

Firmar:	Nombre:

Equipo en el sitio:	Unidades	Trabajar	
		Sí	No

Empleados / Contratista	Acto	Compatible horario acordado	Horas extras

Materiales suministrados	Desde y precio	Equipo alquilado	Unidades

Notas

Fecha:		Dia:	Lun	Mar	Mie	Jue	Vie	Sab	Dom
Capataz									
Contacto:									

Horas perdidas por mal tiempo	Visitante

Las condiciones climáticas	
AM	PM

Horario		Problemas/retrasos
Fecha de realización:		
Días antes de lo previsto:		
Días de retraso:		

Temas de seguridad	Accidentes/ Incidentes

Resumen del trabajo realizado hoy

Firmar:	Nombre:

Equipo en el sitio:	Unidades	Trabajar	
		Sí	No

Empleados / Contratista	Acto	Compatible horario acordado	Horas extras

Materiales suministrados	Desde y precio	Equipo alquilado	Unidades

Notas

Fecha:		Dia:	Lun	Mar	Mie	Jue	Vie	Sab	Dom

Capataz

Contacto:

Horas perdidas por mal tiempo	Visitante

Las condiciones climáticas

AM	PM

Horario	Problemas/retrasos
Fecha de realización:	
Días antes de lo previsto:	
Días de retraso:	

Temas de seguridad	Accidentes/ Incidentes

Resumen del trabajo realizado hoy

Firmar:	Nombre:

Equipo en el sitio:	Unidades	Trabajar	
		Sí	No

Empleados / Contratista	Acto	Compatible horario acordado	Horas extras

Materiales suministrados	Desde y precio	Equipo alquilado	Unidades

Notas

Fecha:		Dia:	Lun	Mar	Mie	Jue	Vie	Sab	Dom
Capataz									
Contacto:									

Horas perdidas por mal tiempo	Visitante

Las condiciones climáticas

AM	PM

Horario	Problemas/retrasos
Fecha de realización:	
Días antes de lo previsto:	
Días de retraso:	

Temas de seguridad	Accidentes/ Incidentes

Resumen del trabajo realizado hoy

Firmar:	Nombre:

Equipo en el sitio:	Unidades	Trabajar	
		Sí	No

Empleados / Contratista	Acto	Compatible horario acordado	Horas extras

Materiales suministrados	Desde y precio	Equipo alquilado	Unidades

Notas

Fecha:		Dia:	Lun	Mar	Mie	Jue	Vie	Sab	Dom
Capataz									
Contacto:									

Horas perdidas por mal tiempo	Visitante

Las condiciones climáticas

AM	PM

Horario	Problemas/retrasos
Fecha de realización:	
Días antes de lo previsto:	
Días de retraso:	

Temas de seguridad	Accidentes/ Incidentes

Resumen del trabajo realizado hoy

Firmar:	Nombre:

Equipo en el sitio:	Unidades	Trabajar	
		Sí	No

Empleados / Contratista	Acto	Compatible horario acordado	Horas extras

Materiales suministrados	Desde y precio	Equipo alquilado	Unidades

Notas

Fecha:		Dia:	Lun	Mar	Mie	Jue	Vie	Sab	Dom
Capataz									
Contacto:									

Horas perdidas por mal tiempo	Visitante

Las condiciones climáticas

AM	PM

Horario	Problemas/retrasos
Fecha de realización:	
Días antes de lo previsto:	
Días de retraso:	

Temas de seguridad	Accidentes/ Incidentes

Resumen del trabajo realizado hoy

Firmar:	Nombre:

Equipo en el sitio:	Unidades	Trabajar	
		Sí	No

Empleados / Contratista	Acto	Compatible horario acordado	Horas extras

Materiales suministrados	Desde y precio	Equipo alquilado	Unidades

Notas

Fecha:		Dia:	Lun	Mar	Mie	Jue	Vie	Sab	Dom
Capataz									
Contacto:									

Horas perdidas por mal tiempo	Visitante

Las condiciones climáticas	
AM	PM

Horario	Problemas/retrasos
Fecha de realización:	
Días antes de lo previsto:	
Días de retraso:	

Temas de seguridad	Accidentes/ Incidentes

Resumen del trabajo realizado hoy

Firmar:	Nombre:

Equipo en el sitio:	Unidades	Trabajar	
		Sí	No

Empleados / Contratista	Acto	Compatible horario acordado	Horas extras

Materiales suministrados	Desde y precio	Equipo alquilado	Unidades

Notas

Fecha:		Dia:	Lun Mar Mie Jue Vie Sab Dom
Capataz			
Contacto:			

Horas perdidas por mal tiempo | Visitante

Las condiciones climáticas

AM	PM

Horario | Problemas/retrasos

Fecha de realización:	
Días antes de lo previsto:	
Días de retraso:	

Temas de seguridad | Accidentes/ Incidentes

Resumen del trabajo realizado hoy

Firmar:

Nombre:

Equipo en el sitio:	Unidades	Trabajar	
		Sí	No

Empleados / Contratista	Acto	Compatible horario acordado	Horas extras

Materiales suministrados	Desde y precio	Equipo alquilado	Unidades

Notas

Fecha:		Dia:	Lun	Mar	Mie	Jue	Vie	Sab	Dom
Capataz									
Contacto:									

Horas perdidas por mal tiempo	Visitante

Las condiciones climáticas	
AM	PM

Horario	Problemas/retrasos
Fecha de realización:	
Días antes de lo previsto:	
Días de retraso:	

Temas de seguridad	Accidentes/ Incidentes

Resumen del trabajo realizado hoy

Firmar:	Nombre:

Equipo en el sitio:	Unidades	Trabajar	
		Sí	No

Empleados / Contratista	Acto	Compatible horario acordado	Horas extras

Materiales suministrados	Desde y precio	Equipo alquilado	Unidades

Notas

Fecha:		Dia:	Lun	Mar	Mie	Jue	Vie	Sab	Dom
Capataz									
Contacto:									

Horas perdidas por mal tiempo	Visitante

Las condiciones climáticas	
AM	PM

Horario

		Problemas/retrasos
Fecha de realización:		
Días antes de lo previsto:		
Días de retraso:		

Temas de seguridad	Accidentes/ Incidentes

Resumen del trabajo realizado hoy

Firmar:	Nombre:

Equipo en el sitio:	Unidades	Trabajar	
		Sí	No

Empleados / Contratista	Acto	Compatible horario acordado	Horas extras

Materiales suministrados	Desde y precio	Equipo alquilado	Unidades

Notas

Fecha:		Dia:	Lun	Mar	Mie	Jue	Vie	Sab	Dom
Capataz									
Contacto:									

Horas perdidas por mal tiempo

Visitante

Las condiciones climáticas

AM	PM

Horario	Problemas/retrasos
Fecha de realización:	
Días antes de lo previsto:	
Días de retraso:	

Temas de seguridad	Accidentes/ Incidentes

Resumen del trabajo realizado hoy

Firmar:	Nombre:

Equipo en el sitio:	Unidades	Trabajar	
		Sí	No

Empleados / Contratista	Acto	Compatible horario acordado	Horas extras

Materiales suministrados	Desde y precio	Equipo alquilado	Unidades

Notas

Fecha:		Dia:	Lun	Mar	Mie	Jue	Vie	Sab	Dom
Capataz									
Contacto:									

Horas perdidas por mal tiempo	Visitante

Las condiciones climáticas	
AM	PM

Horario		Problemas/retrasos
Fecha de realización:		
Días antes de lo previsto:		
Días de retraso:		

Temas de seguridad	Accidentes/ Incidentes

Resumen del trabajo realizado hoy

Firmar:	Nombre:

Equipo en el sitio:	Unidades	Trabajar	
		Sí	No

Empleados / Contratista	Acto	Compatible horario acordado	Horas extras

Materiales suministrados	Desde y precio	Equipo alquilado	Unidades

Notas

Fecha:		Dia:	Lun	Mar	Mie	Jue	Vie	Sab	Dom
Capataz	
Contacto:	

Horas perdidas por mal tiempo | Visitante

Las condiciones climáticas

AM	PM

Horario | Problemas/retrasos

Fecha de realización:	
Días antes de lo previsto:	
Días de retraso:	

Temas de seguridad | Accidentes/ Incidentes

Resumen del trabajo realizado hoy

Firmar: | **Nombre:**

Equipo en el sitio:	Unidades	Trabajar	
		Sí	No

Empleados / Contratista	Acto	Compatible horario acordado	Horas extras

Materiales suministrados	Desde y precio	Equipo alquilado	Unidades

Notas

Fecha:		Dia:	Lun	Mar	Mie	Jue	Vie	Sab	Dom
Capataz									
Contacto:									

Horas perdidas por mal tiempo	Visitante

Las condiciones climáticas

AM	PM

Horario	Problemas/retrasos
Fecha de realización:	
Días antes de lo previsto:	
Días de retraso:	

Temas de seguridad	Accidentes/ Incidentes

Resumen del trabajo realizado hoy

Firmar:	Nombre:

Equipo en el sitio:	Unidades	Trabajar	
		Sí	**No**

Empleados / Contratista	Acto	Compatible horario acordado	Horas extras

Materiales suministrados	Desde y precio	Equipo alquilado	Unidades

Notas

| Fecha: | | Dia: | Lun | Mar | Mie | Jue | Vie | Sab | Dom |

Capataz

Contacto:

Horas perdidas por mal tiempo	Visitante

Las condiciones climáticas

AM	PM

Horario	Problemas/retrasos
Fecha de realización:	
Días antes de lo previsto:	
Días de retraso:	

Temas de seguridad	Accidentes/ Incidentes

Resumen del trabajo realizado hoy

Firmar:	Nombre:

Equipo en el sitio:	Unidades	Trabajar	
		Sí	No

Empleados / Contratista	Acto	Compatible horario acordado	Horas extras

Materiales suministrados	Desde y precio	Equipo alquilado	Unidades

Notas